图书在版编目（CIP）数据

你的鼻子上生活着什么？ /（荷）克里斯蒂安·波斯
特莱普著；周肖译 .－－成都：四川美术出版社，
2022.7（2023.8 重印）
　ISBN 978-7-5740-0017-9

Ⅰ.①你… Ⅱ.①克… ②周… Ⅲ.①微生物－少儿
读物 Ⅳ.① Q939-49

中国版本图书馆 CIP 数据核字 (2022) 第 074171 号

Qu'est-ce qui vit sur ton nez?
Copyright © Comme des géants, Varennes, Canada
Translation copyright © Ginkgo (Shanghai) Book Co., Ltd
This edition was published by arrangement with The Picture Book Agency,
France and Wubenshu Agency. All rights reserved.
本书简体中文版权归属于银杏树下（上海）图书有限责任公司
著作权合同登记号：图进字 21-2022-123

你的鼻子上生活着什么？

NI DE BIZI SHANG SHENGHUO ZHE SHENME?

［荷兰］克里斯蒂安·波斯特莱普 著
周肖 译

选题策划　北京浪花朵朵文化传播有限公司

出版统筹　吴兴元　　　　　　　责任编辑　杨 东
编辑统筹　彭 鹏　　　　　　　　责任校对　陈 玲 彭 鹏
特约编辑　黄逸凡　　　　　　　　责任印制　黎 伟
营销推广　ONEBOOK　　　　　　装帧制造　墨白空间·杨 阳
出版发行　四川美术出版社
　　　　　（成都市锦江区工业园区三色路238号 邮编：610023）
开　本　889mm×1092mm 1/16　　印　张　3.75
字　数　65千字　　　　　　　　　图　幅　60幅
印　刷　天津图文方嘉印刷有限公司
版　次　2022年7月第1版　　　　　印　次　2023年8月第3次印刷
书　号　ISBN 978-7-5740-0017-9　定　价　62.00元

官方微博：@ 浪花朵朵童书
读者服务：reader@hinabook.com 188-1142-1266
投稿服务：onebook@hinabook.com 133-6631-2326
直销服务：buy@hinabook.com 133-6657-3072

浪花朵朵

你的鼻子上
生活着什么？

[荷兰] 克里斯蒂安·波斯特莱普 著　周肖 译

四川美术出版社

猜一猜，你的鼻子上存在生命吗？

当然存在啦！
你的鼻子上住着许多看不见的客人：
微生物！

和你一样，它们会吃东西、四处活动、拥有感觉，
也需要排泄。它们生命力满满！

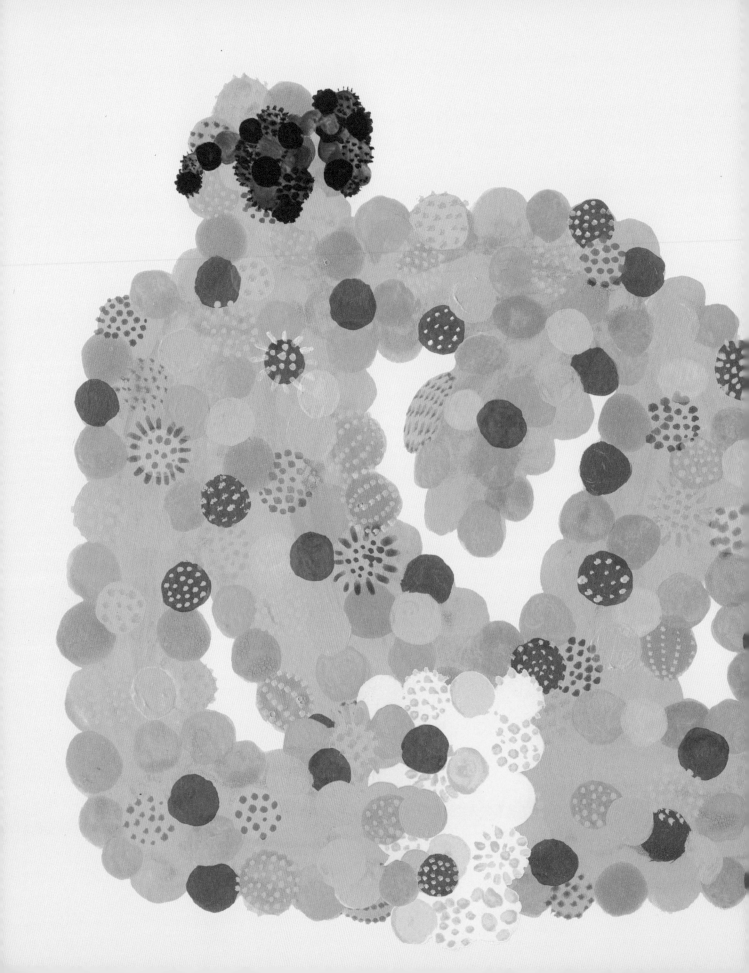

实际上，微生物无处不在。
不仅是我们的身体上，
世界的各个角落都有它们的踪影：
你戴的手表上，喝的饮料中，吃的东西里……
甚至是5000米深的地下。

你知道吗？地球上现存最大的生物不是蓝鲸，
也不是巨杉，而是一种巨型微生物。

这种微生物是真菌，生长在美国蓝山脚下，
面积已经超过了10平方千米。

世界上有很多很多的微生物。
如果地球上的所有人类居民
刚好能装满一个小茶杯的话……

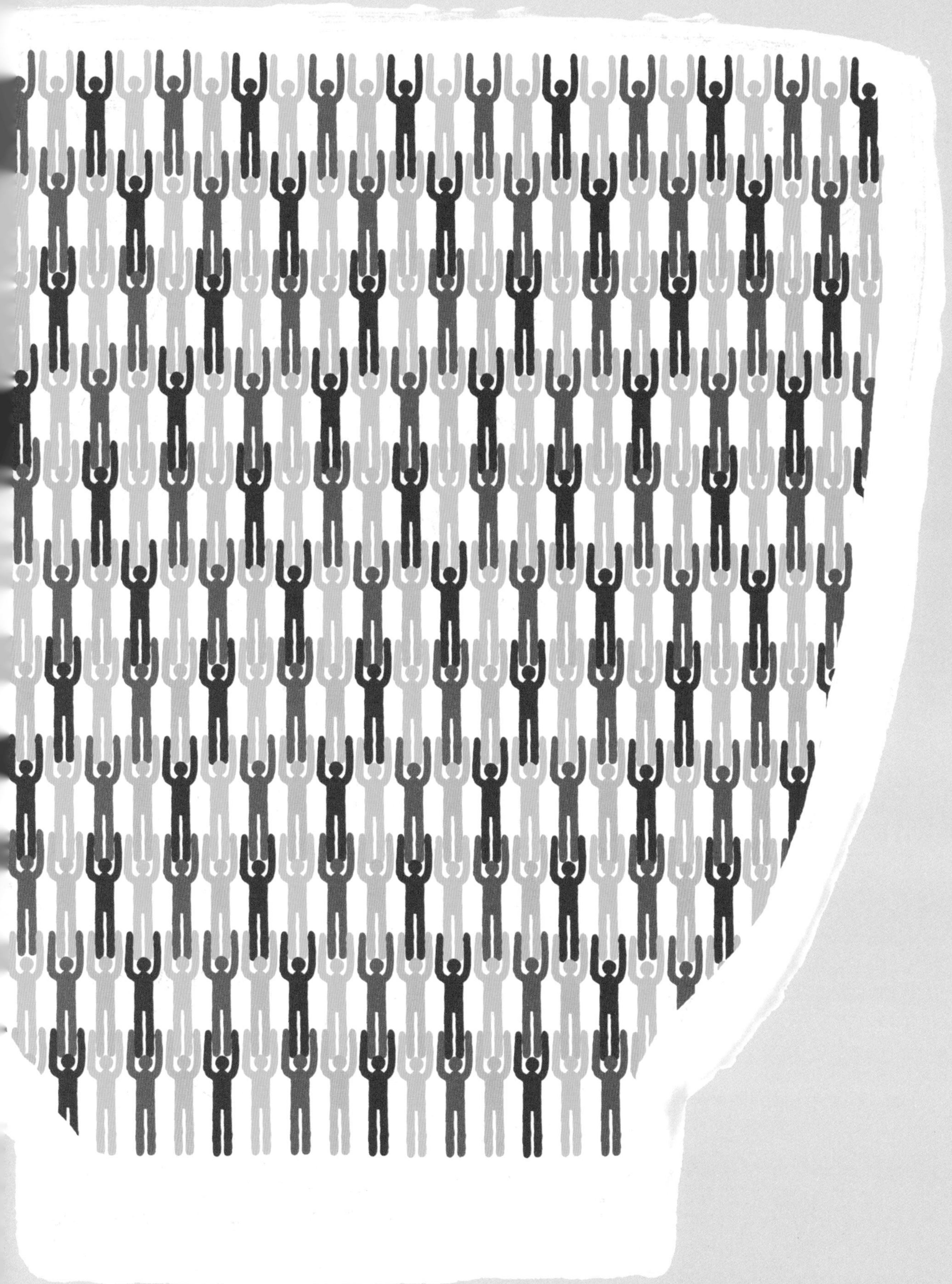

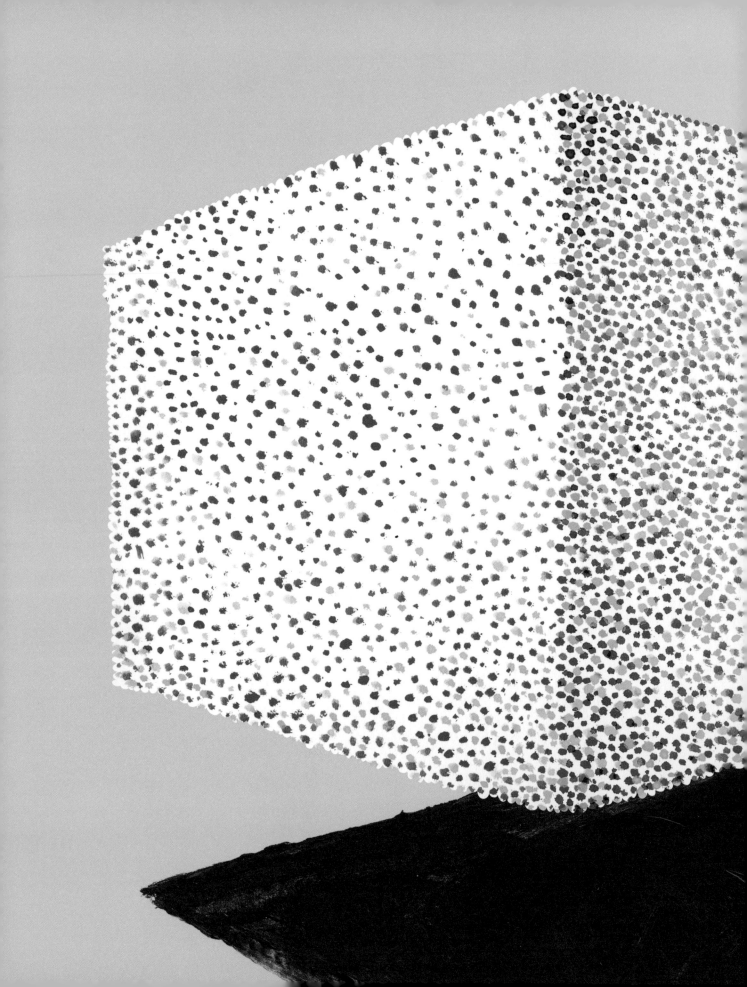

……那得用一个大集装箱才能装下地球上所有的微生物。

事实上，世界上大部分生物都是我们肉眼看不见的。

它们的神奇之处

还不止这些。

LES MOTS FONT CHOSE FONT CHOSE IMPRIME

法语Les microbes font des choses incroyables，
意思是"微生物能做出不可思议的事情"。

在一小时之内，
它们就能繁衍出一大家子来。

它们能在开水、沙漠和深海
这样的极端环境下生存。

它们什么都吃，

有的微生物连金属都能吃下肚……

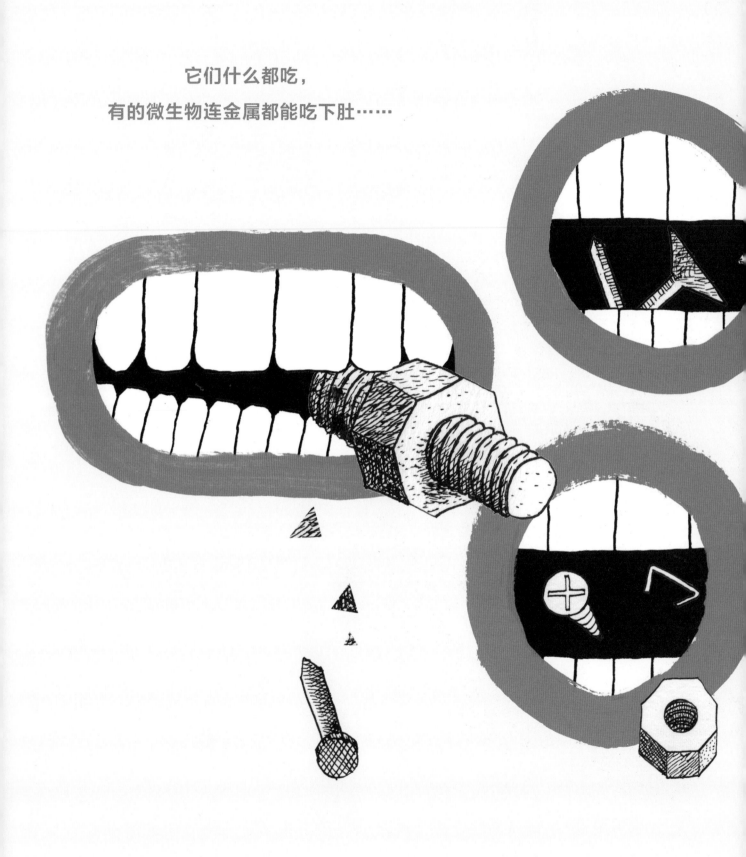

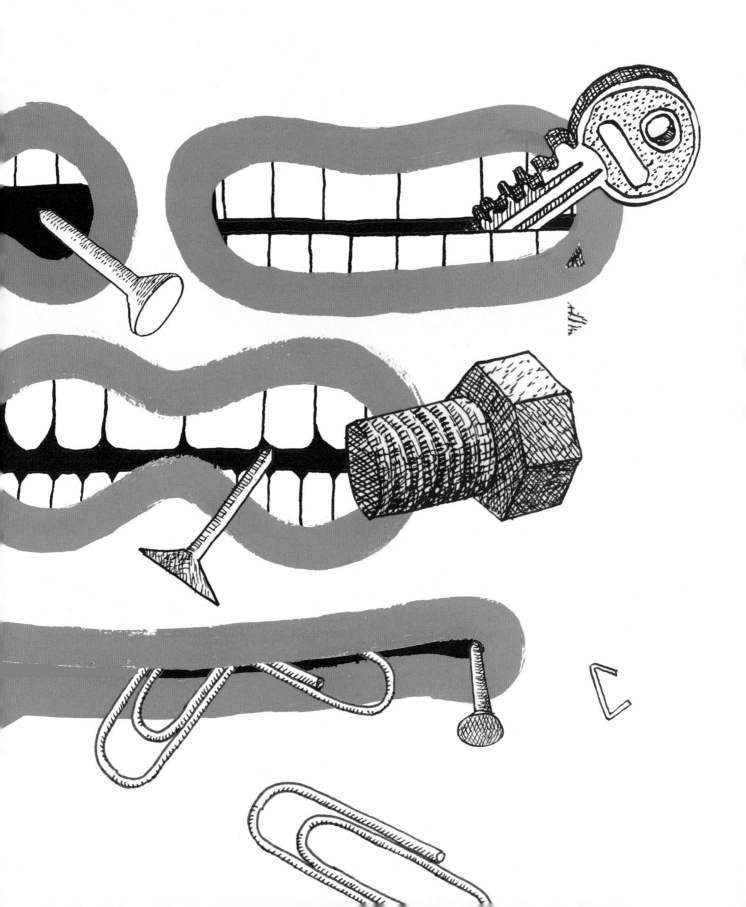

……还有微生物把石油当饮料喝。

微生物是消化食物的好帮手。
没错，消化可不是你一个人
就能完成的任务！

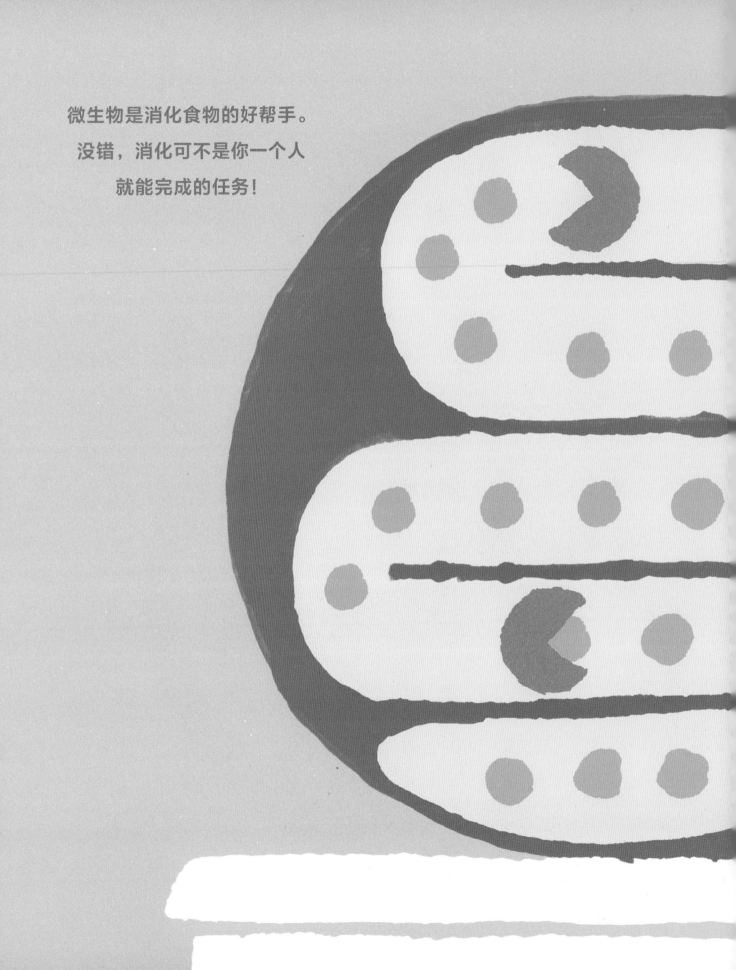

大部分食物在加工过程中都需要微生物的参与。
没了它们，人类就要没东西吃了。

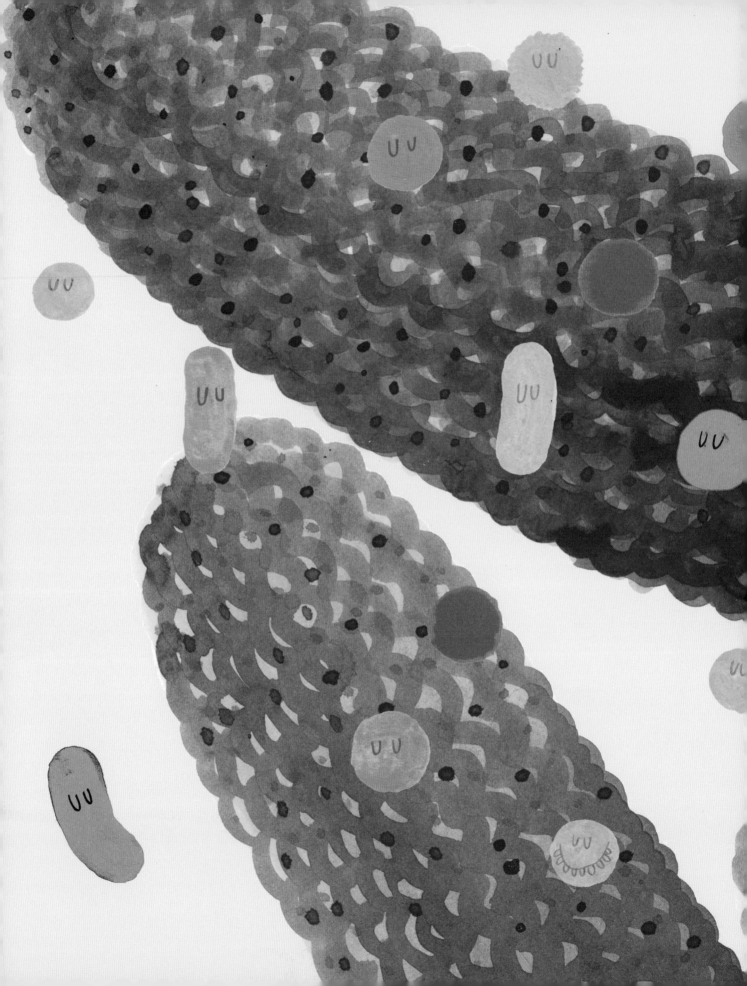

你知道吗？多亏了微生物，
我们才能吃到奶酪、酸黄瓜和面包。

可惜，有的微生物就是爱捣乱。
我们所说的病毒就是一种
能诱发感冒等疾病的微生物。

病毒的变异速度非常快，
其中某些种类的传染性还特别强。
所以，永远不能对新型病毒掉以轻心。

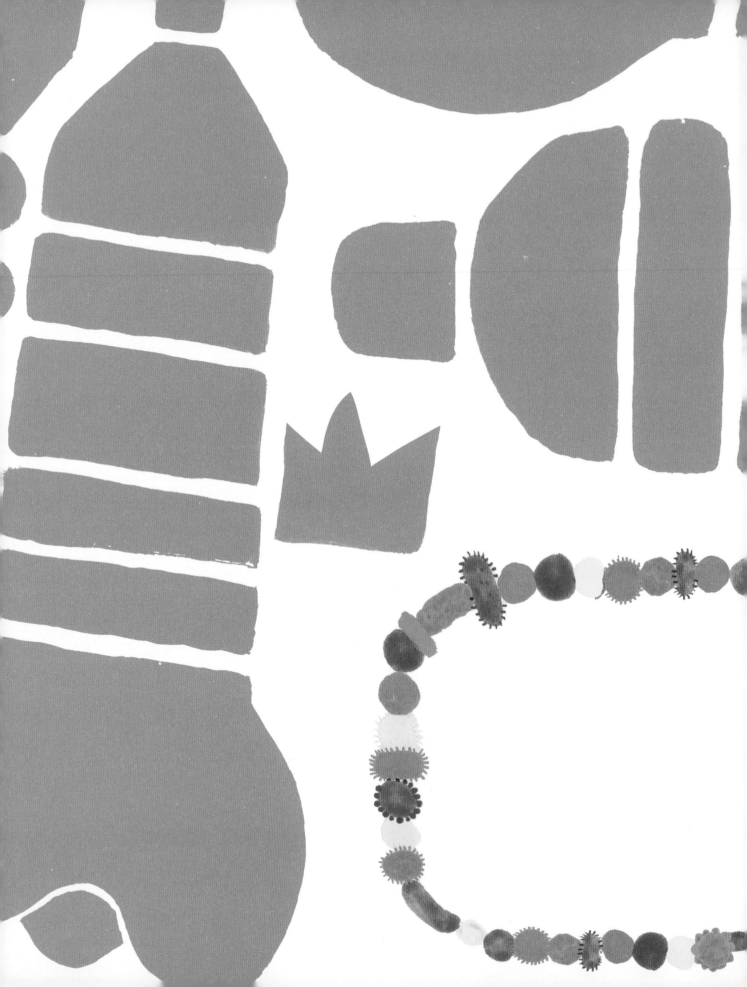

但微生物也能让地球
变得更适合人类生活。

大家应该都知道吧，
塑料垃圾的污染问题越来越严重了。

有的微生物能产生
制作塑料所需的原材料。
在不久的未来，
这种生物塑料还能替代普通塑料。

有的微生物在排出代谢气体的同时，

也生成了清洁能源。

想象一下，
如果所有死掉的东西都堆积起来，
世界会变成什么样？

还好，微生物能帮我们把地球打扫得干干净净！
它们循环清洁的本领简直一流。

没有微生物，就没有今天的人类。

40亿年前，微生物是地球上唯一的居民。

这么说来，微生物还是我们的曾曾曾……祖父母呢。

地球上的氧气有一半由生长在陆地上的植物产生，
另一半由海洋里的藻类和微生物产生，特别是蓝细菌。
要是没有它们帮忙，我们就都要缺氧了。

虽然我们的肉眼看不到微生物，
但它们是地球生命不可缺少的好帮手。

我们很幸运，身边有它们的陪伴。
微生物真奇妙！

进一步了解这个看不见的世界

你的鼻子上存在生命吗？当然存在啦！你的鼻子上住着许多看不见的客人——微生物！

皮肤是人体最大的器官，上面住着一大群微生物，其中主要是细菌。我们每平方厘米的皮肤上生活着数百种不同的细菌，总数量有约 100 万个。它们住在表皮层上（皮肤表面），也躲在汗腺（会分泌汗液）、皮脂腺（会分泌一种叫皮脂的东西，油腻腻的）和毛囊（毛发的根部就在这儿）的孔洞与缝隙里。我们全身上下细菌最多，也最潮湿的地方就是腹股沟和胳肢窝了。我们皮肤上的细菌总数能达到约 10^{12} 个，也就是 1 万亿个之多。这可不是个小数目！但它们体形很小，加起来和一颗豌豆差不多大。

我们的身体由很多细胞组成。人们以前认为，人体内的细菌数量是自身细胞数量的 10 倍左右。但最新研究显示，这两者的数量很接近：人体细胞的数量约为 3.0×10^{13} 个，而细菌的数量约为 3.8×10^{13} 个。值得注意的是，我们体内的大部分细菌都住在肠道里。

和你一样，它们会吃东西、四处活动、拥有感觉，也需要排泄。

和所有生物一样，细菌也需要吸收养分，才能茁壮成长、持续繁殖；它们也要排出新陈代谢过程中产生的各种废物（相当于上厕所）；它们也要获得能量才能活动——在这一点上，细菌之间差异很大。就像人类一样，有些细菌靠把一部分养料转化成二氧化碳和水的过程来获得能量，而其他大部分细菌的供能方式则更多种多样：有吸收光能来获得能量的，有利用多种无机化合物的氧化作用来获得能量的——这种方式下，每种细菌会依赖某种特定的化合物。

大部分细菌都长着一根或多根鞭毛，并依靠它们移动。鞭毛是一种丝状物，就像船只的螺旋桨一样，旋转起来就能推动细菌前进。每根鞭毛都由一个微小而巧妙的装置提供动力，利用氢离子流驱动，使细菌可以旋转。和人类不一样，细菌没有鼻子、眼睛、耳朵等感觉器官，但依旧能感知周围环境的变化。比如，它们靠着灵敏的鞭毛，就能往养料充沛、氧气含量高（如果它们需要氧气的话）的地方移动。

微生物无处不在。不仅是我们的身体上，世界的各个角落都有它们的踪影。

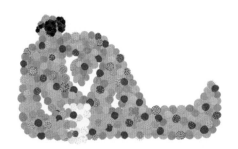

袋鼠生活在澳大利亚，北极熊住在北极，棕榈树在热带和亚热带生长，而细菌则能凭借自己小巧的体形借由水、气流或者迁徙的鸟儿，轻轻松松地在地球上旅行。不过，如果无法适应周边环境，或是生存需求没有被满足，微生物也无法生存，更别说发展壮大了。正如微生物学家们所熟知的这句话："生命无处不在，但它们都是环境选择的结果。"*

* 原文为 "alles is overal: maar het milieu selecteert"，语出荷兰微生物学家劳伦斯·巴斯·贝金（Lourens Baas Becking）。

地球上现存最大的生物是一种真菌，繁殖范围已经超过了 10 平方千米。

一些真菌（比如酵母菌）是由单个细胞构成的，而地球上最大的生物体也是真菌——它是高卢蜜环菌的一个个体。它的菌丝体（其最大的一部分）深藏于地下，以树根的养分为食。20 世纪 80 年代末，这个庞然大物在美国密歇根州被发现。2017 年，科学家们再次对其进行了深入的研究，发现这个真菌覆盖了数百株树木的根系，生长面积达到了 0.75 平方千米，相当于 100 个足球场那么大。人们估计它的重量更是达到了 400 吨，相当于 6000 个人合起来那么重，并且它的年龄已经有 2500 岁了。然而，在美国俄勒冈州蓝山脚下发现的奥氏蜜环菌，其生长面积和年龄比这个高卢蜜环菌的更大，占地约 10 平方千米，有 8000 多年的历史。

如果地球上的所有人类居民刚好能装满一个小茶杯的话……那得用一个大集装箱才能装下地球上所有的微生物。

地球上细菌的总量是 4.0×10^{30}~6.0×10^{30} 个。这些细菌中的碳含量是地球上所有植物的碳含量的 60%~100%。只有大概 5% 的细菌生活在地球表面、泥土和海洋中（当然也包括生长在这些地方的动植物身上），其余约 95% 的细菌生活在更深、更暗处的生物圈里。在地下 8 米或者海底的沉积层（覆盖海底的一层尘土碎屑）以下 10 厘米的地方，我们都能找到细菌的踪迹。

微生物在一小时之内就能繁衍出一大家子来。

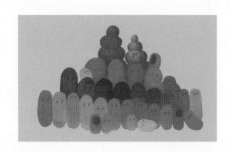

细菌通过分裂的方式进行繁殖。只要条件合适，细菌就能长大。如果空间足够，它就能从一个分裂成两个。大肠杆菌是人类结肠（大肠的一部分）中众多"细菌居民"中的一位，它的繁殖速度特别快。在体外的人工培养基里，只要养分足够，每个大肠杆菌只需要约 20 分钟就能分裂一次。4 个小时之后，一个大肠杆菌就分裂成了约 4096 个。如果不限制它们的繁殖活动，不到两天，这些大肠杆菌聚集在一起就和地球差不多大了！幸运的是，在人类的肠道里，大肠杆菌的繁殖受到严格限制，速度慢多了，一天才分裂一次。已知繁殖速度最快的细菌是需钠弧菌，它约十分钟就能分裂一次，和霍乱弧菌同属，但需钠弧菌完全无害。

微生物能在各种极端环境下生存。

细菌已经存在约 40 亿年之久。它们基本上已经适应了各种各样的生存环境，极寒或极热，都不是问题。它们是非常有经验的超级幸存者！

细菌的形状多种多样。让我们用显微镜观察一下：有的是球形的，有的是杆状的，有的是螺旋状的，有的还长着一根或好多根鞭毛。此外，细菌还有很多不同点：它们的进食方式各异，能把生存环境里的各种物质转化成自己所需的能量。更特别的是，它们还能适应非常特殊的生存环境。

众所周知，在一些极端的糟糕环境里，大部分生物都无法存活，但很多微生物却可以坚持下来，它们"嗜极生物"的名号就是这么来的。20 世纪 70 年代，人类首次发现能在极端条件下生存的细菌，也就是后来被称为古细菌的群体。如今，我们发现了很多能在极端环境中存活的古细菌和细菌：有的连 80 多摄氏度的高温热泉都不怕，在美国黄石国家公园或海底的热液喷口、间歇泉附近都能找到它们的身影；有的能在死海这样含盐度极高的地方生存；有的则能在阿塔卡马和南极洲干旱的沙漠里安家。

一些嗜极生物打破了在极端环境里生存的纪录，向我们展示了生命的极限。例如，动性球菌能在零下 15 摄氏度的环境下分裂生长；古细菌中的甲烷嗜热菌更是能忍受 120 摄氏度的高温；另一种古细菌嗜苦菌则能在极端酸性环境（pH 值为 0）中生存。再看看嗜盐菌吧，它喜欢住在浓度为 30% 的氯化钠溶液里，而做菜用的盐的主要成分就是氯化钠。

有的微生物连金属都能吃下肚。

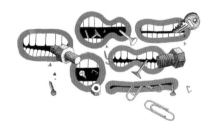

没错，有的细菌能把铁嚼碎了咽下肚。它们有着从金属铁中提取、利用电子的超能力，能在将电子从铁转移到其他物质上的过程中获得能量。

举个例子，有种特殊的古细菌能利用铁中的电子，把二氧化碳等转化为甲烷；硫酸盐还原菌（脱硫弧菌属的一种）也会将铁中的电子转移，把硫酸盐还原成硫化氢——这种气体闻起来像臭鸡蛋。

很多种细菌都能将亚铁化合物转化成三价铁化合物，其中最出名的就是铁细菌了，它们存在于富含铁质的土壤之上的水洼和排水沟水面的有色薄膜中。这些细菌通过把氧化程度较低的铁（亚铁离子 Fe^{2+}）转化为氧化程度更高的铁（铁离子 Fe^{3+}）来获得能量。这种转化方法产生的能量很少，所以它们只有转化大量的亚铁离子才能维持生长。因此，在地球的地质历史上，往往会出现厚厚的、富含铁的沉积层，这些地方可能就是铁细菌的食品柜吧。

还有微生物把石油当饮料喝。

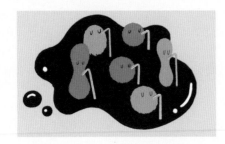

每年都会有约 100 万吨的石油进入大海，其中约 50% 是自然渗出，约 40% 来自人类的消费活动，还有小于 10% 是意外排放。还好，有某些细菌和真菌以石油为食，会负责把这些排入大海的石油清理干净。在石油泄漏事故中，我们总能发现食烷菌的身影，石油是这些"食油者"唯一能够吸收的食物。

微生物是消化食物的好帮手。

你体内大部分的细菌都生活在肠道里，特别是大肠（准确来说是结肠）里。我们体内的消化酶（帮助我们消化食物的东西）无法消化蔬果中的膳食纤维，但大肠里的细菌能将它们消化一部分。这些细菌能处理人类所摄入食物的约 10%，而对于只吃植物的食草动物，则有高达约 70% 的食物都是由细菌和其他微生物来消化的。反刍的食草动物（牛、绵羊、山羊等）的胃里有一个特殊的部位叫瘤胃，这些细菌和微生物就生活在那里；而不反刍的食草动物（比如马）没有瘤胃，这些细菌和微生物就还是生活在结肠中。

多亏了微生物，我们才能吃到奶酪、酸黄瓜和面包。

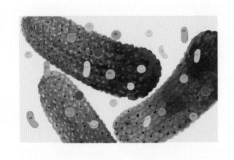

如果没有微生物，我们几乎没东西可吃。毕竟人类约 60% 的食物都需要它们参与生产。这些小东西会帮我们把食物都准备妥当。

举个例子，酵母菌（一种单细胞真菌）可以将糖类转化为酒精和二氧化碳，这个过程被称为"酒精发酵"。酵母菌能让面团醒发、膨胀，二氧化碳负责让面包变得柔软，在面包的烤制过程中，酒精则会挥发干净。当然了，酵母菌也被用来酿造葡萄酒、啤酒和其他酒精饮料。葡萄酒中出现酒精就是酵母菌的功劳，也正是它们制造出了香槟酒和其他起泡酒里的泡泡。

要想制作酸奶、奶酪和酸菜，好几种乳酸菌都必不可少。奶酪中含有许多不同的细菌，要想制作特定的某种奶酪就需要一些特殊的细菌。制作马苏里拉奶酪（一般用在比萨上）需要链球菌，制作瑞士的埃曼塔尔干酪和格吕耶尔干酪需要瑞士乳杆菌，埃曼塔尔干酪的黄油风味和一个个的大孔则是丙酸杆菌的功劳，而软质干酪（有一股脚臭味！）则需要短杆菌和棒状杆菌帮忙。除了细菌，一些真菌也被用来制作特定种类的奶酪，沙门柏干酪青霉和娄地青霉就是两个很好的例子。

可惜，有的微生物就是爱捣乱。

有种叫作病毒的微生物能引发感冒等疾病。病毒不算是活的生物体，它们只是一些嵌入蛋白质分子里的遗传物质（DNA 或 RNA），外头裹着一层脂质（主要成分是脂肪）包膜。病毒简直是种寄生虫，靠着动物、植物和其他细菌的细胞才能进行繁殖。寄生在细菌上的病毒被称作"噬菌体"。病毒比细菌还要小得多，一般直径只有 20~300 纳米（1 纳米是 1 毫米的百万分之一），但一些巨型病毒的直径能达到 500 纳米。病毒，尤其是噬菌体，在数量上比细菌要多得多，一升海水或淡水里平均有约 100 万个细菌，病毒的数量却有 100 万的 10 倍之多。

截至 2019 年 7 月，有记录的病毒约有 6600 种，但这个数字应该只占地球上现存病毒种类总数的一小部分。不同的病毒长得也不一样，有杆形、球形和接近球形的二十面体等。一些噬菌体结构复杂，比如大肠杆菌的噬菌体，长得就像月球登陆器。一旦病毒附着在宿主细胞上，感染过程就开始了。病毒会向细胞注射自带的遗传物质，被攻击的细胞内就会疯狂产生新的病毒颗粒，直到细胞被摧毁，这个过程才会结束。

病毒是出了名的恶劣，能引发流感、艾滋病、埃博拉出血热和与冠状病毒相关的疾病等。但不是所有的病毒都是坏家伙，有些病毒还是会给人类做好事的。有趣的是，在人类不断进化的过程中，正是病毒将一种对胎盘发育至关重要的蛋白质基因传给了人类基因组。另外，有些病毒能起到杀虫作用，有些还能增强植物的抗旱能力。说不定将来病毒可以被用来治疗癌症或遗传性疾病，谁知道呢？

微生物也能让地球变得更适合人类生活，生物塑料还能替代普通塑料。

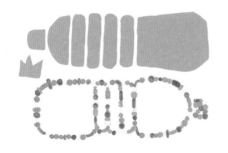

石油是制造塑料的原料，塑料又可以用来制造各种玩具和生活用品。用植物或微生物产生的物质制作的塑料会更环保。一些细菌产生的物质（如聚羟基丁酸脂）就能作为塑料的原料。

对地球来说，塑料垃圾的问题越来越严重了。每年都有约 3.6 亿吨塑料被生产出来，其中绝大部分都会被填埋，但也有很多塑料留在了海洋、湖泊、农田、森林、城市和路边。塑料中含有很多化学成分——碳、氢，有时还有氮。因为塑料是人造产物，所以我们现在还不清楚世界上有没有能把塑料降解成二氧化碳和水的微生物。尝试从已经被塑料污染的地区的土壤样本中分离微生物或许是个办法。目前，人们确实发现了可以降解聚酯（PET）塑料和聚氨酯（PU）塑料的特殊细菌。

有的微生物在排出代谢气体的同时也生成了清洁能源。

　　用棍子戳一戳水沟底部沉积的淤泥，会发生什么呢？会有气泡咕噜噜地冒出水面。这些气泡里面含有大致等量的二氧化碳和甲烷，它们是由产甲烷菌产生的。这些细菌生长在缺少氧气的地方，比如各种湿地里——被水淹没的稻田底下、水沟和池塘的淤泥。反刍类动物（牛、羊等）的胃里、其他食草类动物（马等）和人的结肠里都能找到它们的踪迹，它们在帮着消化食物呢。

　　反刍类动物会打嗝，马和人会胀气，都是因为产甲烷菌。人们可以从污水、污泥或粪便中提取出这种细菌，用它们来生产沼气。

　　甲烷是存在于天然气中的一种可燃气体，用处很大。数亿年前，许多动植物的遗体被掩埋在了地下。后来，随着地球内部的温度和压力逐渐升高，它们就变成了煤、石油和天然气。

微生物循环清洁的本领简直一流。

　　对那些使用生物处理法的废水处理厂来说，细菌是清除有机物必不可少的好帮手。细菌的整个群落都会参与到废水或污水处理的过程中。为了给细菌提供充足的氧气，处理厂中的好氧池里的水含氧量很高。

　　细菌也可以在生物降解方面大显身手，为消除有毒化学品等污染出一份力。

没有微生物，就没有今天的人类。40 亿年前，微生物是地球上唯一的居民。

细菌是地球上最古老的生命形态。早在约 40 亿年前，它们就已出现。在很长一段时间里，它们都是地球上唯一的生物。但在约 18 亿~20 亿年前，一个古细菌吞噬了另一个细菌，一个全新的细胞就此诞生——它就是所有真核生物的祖先。原生生物、真菌、藻类、植物、动物和人类都是真核生物。而那个被吞噬的细菌则是线粒体的祖先，线粒体为真核细胞（包括人类的）提供了绝大部分的活动能量。

地球上的氧气有一半由海洋里的藻类和微生物产生。

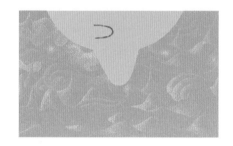

蓝细菌，也就是大家口中的蓝藻，其实是个有约 20000 位成员的细菌大家庭。

早在约 38 亿年前，各种把光当作能源的光合细菌就出现了。后来，在大约 30 亿年前，最先出现的一批蓝细菌则"发明"出了一种新型光合作用，也就是利用光能把水分解成氧和氢，氢再和二氧化碳一起生成碳水化合物。

最初，大气层中是没有氧气的。但蓝细菌的产氧量实在太高，大量氧气被释放到大气层中，这就是发生在约 23.5 亿年前的"大氧化事件"。那时，大气中的含氧量达到了 2% 左右。又过了很久，在约 4.7 亿年前，植物覆盖了地球表面之后，大气中的含氧量才达到了现在的 20% 左右。

如今，陆生植物和海洋里的藻类、微生物产出的氧气几乎同样多。而海洋产出的氧气中约三分之二都来自一种微型蓝细菌：原绿球藻。

植物之所以是绿色的，是因为细胞器中含有叶绿素，这是一种存在于叶片和茎杆中的绿色色素。大约 15 亿年前，一个蓝细菌侵入真核细胞内部，诞生了叶绿体这种细胞器，各种绿藻和陆生植物也就此生长起来。